U0387044

📢 地震是一种破坏力极强的自然灾害

地震在瞬间发生，可致地动山摇、树倒屋塌，让人猝不及防，很容易造成大量的人员伤亡。那么，当地震来时，我们是跑还是躲，又应该怎么跑，怎么躲呢？现在就跟着我们的地震科普小使者，通过图书去了解更多的知识吧！

红领巾系列自然灾害防灾减灾科普

地震

主编 ◎ 陈雪芹　丛唯一　曹晶

吉林科学技术出版社

图书在版编目（CIP）数据

地震 / 陈雪芹，丛唯一，曹晶主编 . -- 长春：
吉林科学技术出版社，2024.8. -- （红领巾系列自然灾
害防灾减灾科普）. -- ISBN 978-7-5744-1743-4

I. P315.9-49

中国国家版本馆 CIP 数据核字第 20248DU364 号

地震
DIZHEN

主　　编	陈雪芹　丛唯一　曹　晶
副 主 编	杨　影　侯岩峰　张玉英　张　苏　曲利娟
出 版 人	宛　霞
策划编辑	王聪会　张　超
责任编辑	穆思蒙
内文设计	上品励合（北京）文化传播有限公司
封面设计	陈保全
幅面尺寸	240 mm×226 mm
开　　本	12
字　　数	50 千字
印　　张	4
印　　数	1~6000 册
版　　次	2024 年 9 月第 1 版
印　　次	2024 年 9 月第 1 次印刷
出　　版	吉林科学技术出版社
发　　行	吉林科学技术出版社
地　　址	长春市福祉大路 5788 号出版集团 A 座
邮　　编	130118

发行部电话 / 传真　0431-81629529　81629530　81629531
　　　　　　　　　　81629532　81629533　81629534

储运部电话　0431-86059116

编辑部电话　0431-81629380

印　　刷	吉林省吉广国际广告股份有限公司
书　　号	ISBN 978-7-5744-1743-4
定　　价	49.90 元

如有印装错误 请寄出版社调换

版权所有　侵权必究　举报电话：0431-81629380

目录

紧急通知：地震来了

咦？是谁发来的地震预警信息，又是怎样监测到地震要来了呢？这要归功于神奇的地震预警系统，它能让目标区域的人们在地震发生之后，迅速接收到预警信号，赢得宝贵的避险时间。

电磁波可以抢在横波到达前，给大家提供几秒至几十秒的避险时间。

媒体以电磁波的形式，通过电视台、电台、电脑、手机等向公众发布地震预警信息。

P波（纵波）：传播速度快，会引起地面上下跳动，破坏力较弱。

S波（横波）：传播速度慢，会引起地面左右晃动，破坏力较强。

地震发生后，震中附近的地震仪先捕捉到P波，地震仪会立即将捕捉到的信息报告给地震预警中心。

地震预警中心计算出地震的相关数据，向防灾机构报告，并委托传媒发出地震预警。

在地层深处，地震发生了，它会产生两种地震波，即S波和P波。S波与P波在地表相遇后，激发的混合波称为L波（面波）。

各行各业和公众收到地震预警信息后，根据自己所处的实际环境迅速选择避险方式。

地震来了！

地震来了！

红太阳小区

救灾物资储备中心

防灾机构接到地震预警信息后，迅速启动抢险救灾预案，组织人员开展各项抗震救灾工作。

科普小课堂：地震预警 ≠ 地震预报

地震预警是指在地震发生以后，抢在破坏性地震波传播到设防地区之前，向设防地区提前发出几秒至几十秒的警报，以告知当地人员采取应急避险措施。地震预报是指在地震发生前，根据观测到的现象和数据，对未来地震发生的震级、时间、地点进行预测，并及时公布于众，但是，目前人类科技无法穿透厚实的岩层直接观测地球内部发生的变化，所以地震预报始终是困扰地震学家的世界性难题。

地震来临前的异样

地震和刮风、下雨一样，都是一种自然现象。在地震来临之前，特别是强烈地震来临之前，自然界会出现一些异常现象，人们可以通过感官察觉到，并提前做好防震准备。

动物异常

许多动物的感官特别灵敏，在地震前会出现各种反常行为，向人们预警，比如，鸡乱飞、牲畜不进圈、狗狂吠、鸟或昆虫惊飞、鱼在鱼塘里乱跳、冬眠的蛇出洞、老鼠白天活动不怕人、大批青蛙上岸活动等。

地下水异常

地震来临前，井水、泉水等地下水可能会出现异常，比如发浑、冒泡、翻腾、升温、变色、变味、突升、突降、突然枯竭或涌出等。

地声异常

地震发生前，往往有声响自地下深处传来，比如，有的犹如列车从地下奔驰而来，有的如机器发出的轰鸣声等。

地气异常

在地震来临之前，地下有时会出现雾气，有白、黑、黄等多种颜色，有时无色，而且会伴随着奇怪的味道或声响，有时也带有高温。

电磁异常

地震之前，经常会有电磁场的变化，比如家用电器不能正常使用、手机信号减弱或消失、电子闹钟失灵等。

全家动员做好防震准备

地震突发性强，破坏范围大，往往在瞬间带来毁灭性的灾害，因此，处于地震高发地带的人们，做好家庭日常防震避险准备非常重要。

⚡ 把房顶或墙上的悬挂物取下来或固定住，防止掉下来伤人。

⚡ 检查并清除不利于防震的隐患，加固房屋。

⚡ 家具中的物品摆放要做到"重在下，轻在上"，在易碎的大块玻璃上粘贴胶带，以免震碎伤人。

⚡ 把牢固家具的侧方腾空，以备震时藏身。

⚡ 平时学习和掌握防震减灾知识，以便地震时选择正确的避震方法，以避免或减少伤亡和损失。

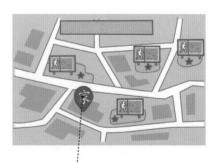

⚡ 经常开展家庭防震避险演练，事先了解家庭附近的应急避难场所，熟练掌握疏散路线和集合地点，以便在地震发生后第一时间避震。

⚡ 固定高大家具，防止其倾倒砸人。

⚡ 清理阳台，把花盆等杂物从护墙上拿下来。

⚡ 清理杂物，让门口、楼道畅通。

⚡ 准备好地震应急包，放在靠近通道处，方便地震发生时拿取。包内物品应定期检查和更换。

地震，从地球最深处说起

地震，从古至今都有。古人给地震涂抹上了一种神秘的色彩。随着科技的发展，地震的神秘面纱逐渐被人类揭开。下面，我们一起去地球内部看一看吧！

走进地球内部

地幔上面是岩石圈，岩石圈温度较低，而且是固态物质。

当地幔层的高温液态物质遇到冰冷的岩石圈时向下流动；遇到炎热的地时会向上流动，由此形成热对流。

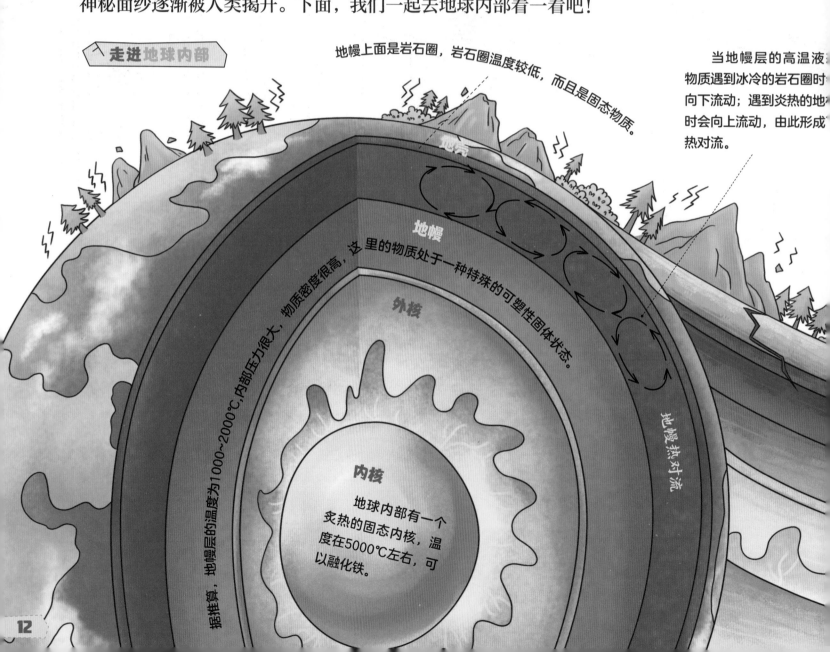

据推算，地幔层的温度为1000~2000℃,内部压力很大，物质密度很高，这里的物质处于一种特殊的可塑性固体状态。

地壳

地幔

外核

地幔热对流

内核

地球内部有一个炙热的固态内核，温度在5000℃左右，可以融化铁。

地幔层的物质在热对流的作用下开始缓慢移动，连带着地幔层之上的地壳层也跟着发生移动或断层，断层的地方很容易形成地震。

 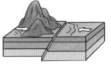  

正断层　　　　逆断层　　　　逆冲断层　　　　走滑断层

扫码领取

★常识手册 ★安全百科
★应急指南 ★情景课堂

地壳运动给地球带来的影响

岩石圈并不是一个整体，它分裂成了许多的板块。

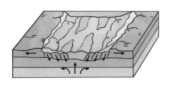

两个板块相互分离，中间区域就形成了大裂谷、湖泊和海洋。

当大洋板块挤压大陆板块时，前者会俯冲到后者之下，二者从而形成海沟。

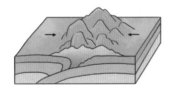

两个密度和厚度差不多的板块相互碰撞和挤压，中间区域就会形成山脉。

地震到底什么样

我们知道了地震发生的主要原因，那么，你知道地震什么样吗？我们应该怎么描述一次地震呢？

震中

震中是震源在地球表面的垂直投影。这里是地震破坏程度最严重的地区，称为极震区。

震源深度

震源深度是从震源到地面（震中）的垂直距离。

震源

震源是地球内部岩层发生断裂引起震动的位置，地球内部的能量由此处释放出来。

科普小课堂：地震三要素

地震的发震时刻、震中、震级称为地震三要素。发震时刻就是地震发生的时刻，可以精确到秒；震中就是地震发生的地点，通常用经度和纬度来表示，当然也要标明地名；震级用来衡量地震本身的大小，由地震释放出来的能量大小决定。目前中国使用的震级标准是国际上通用的里氏分级表，共分九个等级，相邻的两个整数震级之间再进行十等分。

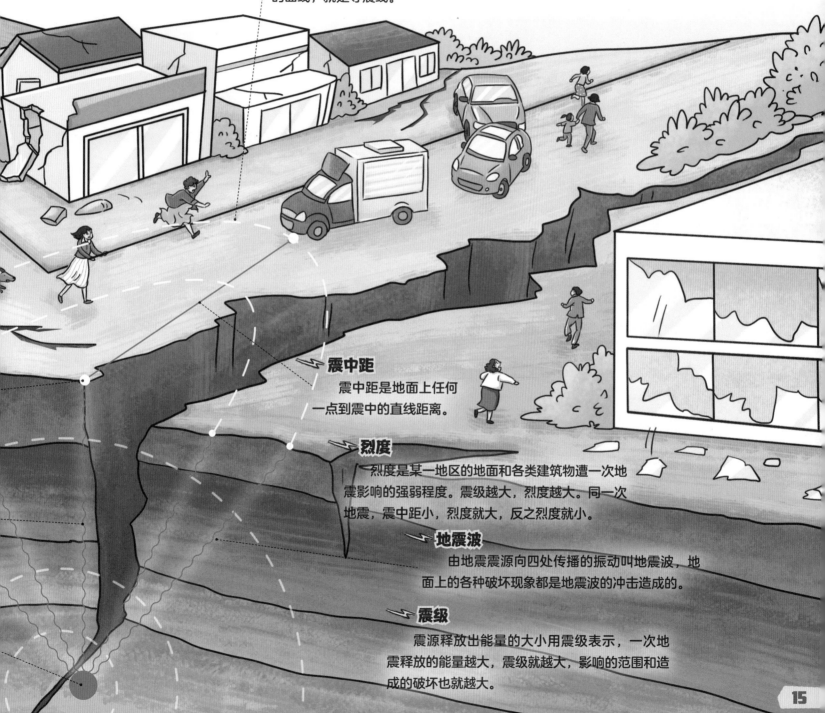

等震线

地震时，地面不同地区的烈度会有所不同，把地面烈度相同的点连在一起，形成的封闭的曲线，就是等震线。

震中距

震中距是地面上任何一点到震中的直线距离。

烈度

烈度是某一地区的地面和各类建筑物遭一次地震影响的强弱程度。震级越大，烈度越大。同一次地震，震中距小，烈度就大，反之烈度就小。

地震波

由地震震源向四处传播的振动叫地震波，地面上的各种破坏现象都是地震波的冲击造成的。

震级

震源释放出能量的大小用震级表示，一次地震释放的能量越大，震级就越大，影响的范围和造成的破坏也就越大。

各种各样的地震

全球每年会发生500多万次地震，这些地震类型多样，科学家们为了便于区分，就根据地震形成的原因、震源深度等将地震进行了分类，我们一起来了解一下吧！

按地震形成的原因分类

构造地震

构造地震是由地球内部构造运动引起的地下深处岩层错动、破裂所造成的地震，约占全球地震总数的90%。这类地震发生的次数最多，破坏力也最大。

断层

震源

火山地震

火山地震是火山作用，如岩浆活动、气体爆炸等引起的地震，其影响范围较小，发生次数少，约占全球地震总数的7%左右。

陷落地震

陷落地震是由地层陷落引起的地震，如喀斯特地形、矿坑下塌等。此类地震大约占全球地震总数的3%，破坏力较小。

陨击地震

陨击地震是由太空陨石掉落地球撞击地面造成的地震。

按震源的深度分类

浅源地震

浅源地震是震源深度小于60千米的地震，大多数破坏性地震都属于此类。

中源地震

中源地震是震源深度60~300千米的地震。

深源地震

深源地震是震源深度大于300千米的地震。

浅源地震

中源地震

深源地震

震级小于3级的叫小地震

震级等于或大于3级，小于或等于4.5级的叫有感地震

震级大于4.5级，小于6级的叫中强地震

震级等于或大于6级，小于7级的叫强烈地震

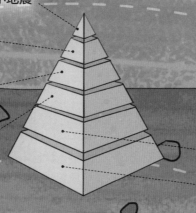

按震级的大小分类

震级等于或大于7级，小于8级的叫大地震

震级大于8级的叫巨大地震

按震中距的不同分类

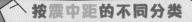

地方震

地方震是震中距小于100千米的地震。

近震

近震是震中距在100千米到1000千米之间的地震。

远震

远震是震中距在1000千米以上的地震。

大地震动，会发生什么

地震是一种破坏力极强的自然灾害。当大地震发生时，瞬间地动山摇，树倒屋塌，很多人会受伤或死亡，还会暴发传染病，发生火灾、有毒气体泄露、滑坡、水灾等灾害。真的好可怕！

地震最直接的破坏对象就是房屋，进而造成人员的伤亡和器物财产的损失。

很多人工建造的基础设施被破坏，如道路开裂；地下管道、电缆遭到破坏，造成停水、停电、断网等。

车辆等室外财产遭到损坏。

仓库、储罐、容器破坏受损引起的有毒、有害气体泄漏和扩散。

工业设施、生产设备、装置等被破坏或发生爆炸。

因房屋倒塌使火炉翻倒、燃气泄漏、电器短路等而引起火灾。

如果大地震发生在山区，还可能引起山崩、滑坡等，造成基础设施、林地、农田的损毁，村庄被掩埋。

地震引起水库、江湖决堤，或是由于山体崩塌堵塞河道造成水体溢出等，都可能造成水灾。

地震发生在海底可能引发海啸

　　地震不仅会发生在陆地上，还可能发生在海底，震源在海底50千米以内、震级7级以上的大地震，就会导致破坏力极大的海啸发生。

　　发生海啸时，航行在近海的船只不可以回港或靠岸，应该马上驶向深海区，因为深海区相对于海岸更为安全。

　　海啸产生的巨大能量被分散至广阔无边的海面上，在深海区行驶的船舶甚至觉察不到海啸的存在，也不会受到破坏。

　　在深海处，海啸的波长（两个波峰间的距离）可达数百千米，看起来只是一波波的微浪，但波速却高达每小时800千米。

　　海啸形成后，震荡波在海面上以不断扩大的圆圈，传播到很远的地方。

　　海底地层发生断裂，部分断层突然上升或下降，造成从海底到海面的整个水层发生"抖动"，引发海啸。

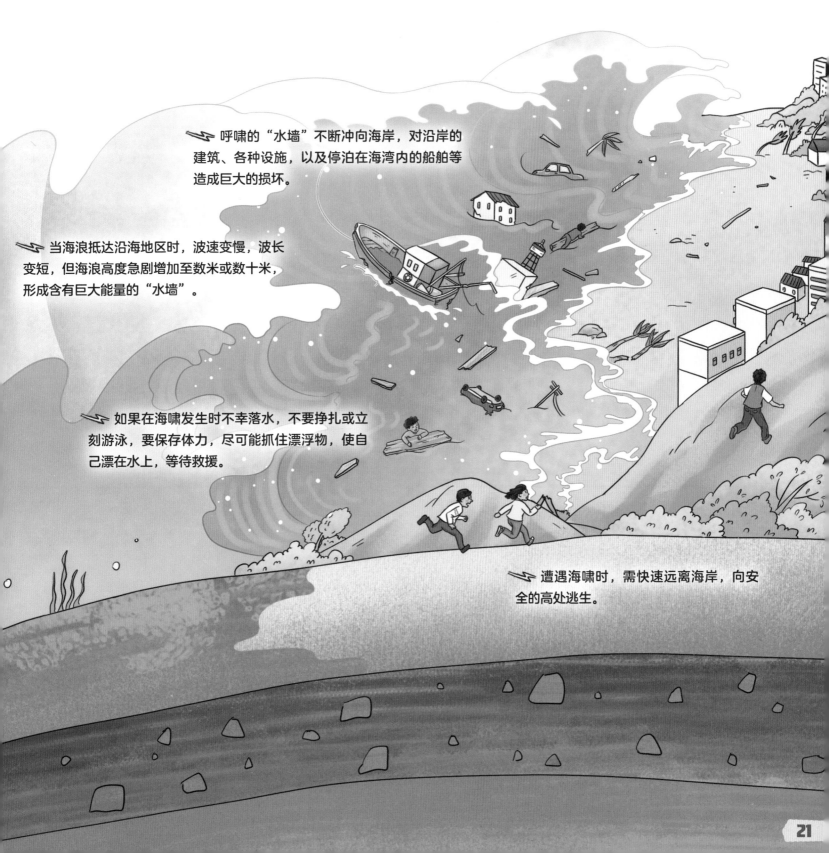

呼啸的"水墙"不断冲向海岸，对沿岸的建筑、各种设施，以及停泊在海湾内的船舶等造成巨大的损坏。

当海浪抵达沿海地区时，波速变慢，波长变短，但海浪高度急剧增加至数米或数十米，形成含有巨大能量的"水墙"。

如果在海啸发生时不幸落水，不要挣扎或立刻游泳，要保存体力，尽可能抓住漂浮物，使自己漂在水上，等待救援。

遭遇海啸时，需快速远离海岸，向安全的高处逃生。

地震带来的破坏力

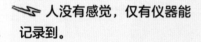 人没有感觉，仅有仪器能记录到。

 室内少数人在静止中有感觉，悬挂物轻微摆动。

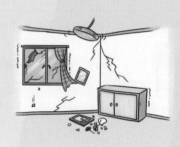 睡觉的人会惊醒，门窗作响，墙壁表面出现裂纹，架上物品掉落，家畜不宁。

I 度　　　　　III 度　　　　　V 度

II 度　　　　　IV 度　　　　　VI 度

 个别敏感的人在完全静止时有感觉。

 室内大多数人、室外少数人有感觉，悬挂物摆动，不稳的器皿作响。

 人站立不稳，外逃，器皿翻落，棚舍损坏，陡坎滑坡

一次地震带来的破坏力，在不同的地区是不同的，通常用烈度来表示。我国将地震烈度分为12度，其中，震中区的破坏最重，称为震中烈度，破坏力最大。从震中向四周扩展，地震烈度逐渐减小，破坏力也逐渐减轻。我们一起来了解一下不同地震烈度带来的影响吧！

⚡️ 房屋轻微损坏，牌坊、烟囱损坏，地表出现裂缝及喷沙、冒水。

⚡️ 房屋大多数被破坏，牌坊、烟囱等崩塌，铁轨弯曲。

⚡️ 房屋大量倒塌，很少能保存，路基堤岸大段崩毁，水灾泛滥，属毁灭性灾害。

Ⅶ度　　　　　　　Ⅸ度　　　　　　　ⅩⅠ度

Ⅷ度　　　　　　　Ⅹ度　　　　　　　ⅩⅡ度

⚡️ 房屋大多有损坏，路基塌方，地下管道破裂。

⚡️ 房屋倾倒，地裂成渠，道路毁坏，山崩滑坡，桥梁、水坝损坏，水面大浪扑岸，属毁灭性灾害。

⚡️ 一切建筑物被毁坏，地面起伏如波浪，大规模变形，动植物遭毁灭，属毁灭性灾害。

在家时地震了怎么办

地震了，整个房子都晃动起来了，该怎么办呢？这时千万不要惊慌，要保持镇静，能迅速撤离的人，应尽快跑到室外开阔地区避震；无法撤离时，要立即寻找安全的地方躲避，保护自己的人身安全。

⚡ 若正处在门边、窗边，且窗外无其他危险建筑，可立即逃到院子中间的空地上。

⚡ 千万不要躲在窗户边或房梁下。

⚡ 切忌逃出后又返回取财物。

⚡ 如果住在高层，且躲藏地点离门比较近，最好把门打开，以便震后迅速撤离。

⚡ 如果能够迅速撤离，可保护好头部，走楼梯逃到户外，但不要使用电梯。

⚡ 一定要有序逃离，不要拥挤在楼梯、过道上，前面的人要尽量为后面的人留下逃生时间。

⚡ 如果发生地震时你正在使用煤气或电源，一定要立即关闭，然后再迅速避险。

⚡ 如果地震时处于卧室内，可以就近躲在床沿下、坚固的家具旁、内墙的墙根或墙角等地方，用手或其他软物保护好头颈部。

⚡ 如果客厅空间较大，可将身体尽量蜷曲，用坐垫保护头部，躲在低矮、牢固的家具边，以及内承重墙的墙根或者墙角。

⚡ 由于当代楼房设计的卫生间墙壁并不全为承重墙，且管道材质多为PVC塑料。当地震发生时，这样的场景条件并不能提供很好的安全保障，遂应避免在卫生间内避震。

⚡ 不要躲在床下和衣柜里。

⚡ 避开头上的悬挂物，如吊顶、吊灯等，避开外墙、窗户和阳台。

科普小课堂：地震的"生命三角"

房屋倒塌后所形成的室内三角空间，往往是人们得以幸存的相对安全的地点，室内易于形成三角空间的地方是：床边或炕沿下，坚固的家具附近，内墙墙根、墙角，厨房、厕所、储藏室等开间较小的地方。

在学校时地震了怎么办

上学时发生地震怎么办呢？同样不要慌乱，要听从老师的安排，能撤离时，迅速有序地疏散到安全地方；不能迅速撤离时，要因地制宜就近避险，不要自己随便乱跑。

如果学校教室为砖砌平房，地震时可双手护住头或用书本保护头部，迅速有序地从门逃到室外。

如果来不及逃出，要避开悬挂物，如灯、电风扇等，迅速就近躲避，如课桌下、墙根、墙角、讲台旁等，蹲下，并护好头部。

⚡ 如果教室是高楼，不要躲在走廊、楼梯处，更不要跳窗逃生。

⚡ 坐在门边的同学要立即打开教室的前后门，防止教室门变形后无法打开。

⚡ 如果在室外，要注意避开高大建筑物或危险物，迅速往空旷的操场等地方跑。

⚡ 如果正在操场活动，可原地不动，抱头蹲下。

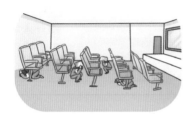

⚡ 如果在多媒体教师、多功能教室，可就地躲在排椅下，用书包或者书等物保护头部，避开吊灯、电风扇等悬挂物，待主震过后尽快撤离。

⚡ 撤离过程中，在楼梯、拐弯处、楼门口等处最容易发生踩踏事件，不要推搡拥挤，要护好头部，有序通过。

在公共场所地震了怎么办

如果地震发生时，你和家人正处于人多、环境复杂的公共场所，面对摇晃的建筑，慌乱的人群，不断掉落的物品，这时候要怎样避险呢？

听从工作人员指挥，不要慌忙挤向出口，尽量避开人流，防止摔倒被踩踏；如被挤入人流，要靠着墙走，尽量把双手交叉在胸前来保护自己，用肩和背承受外部压力。

⚡ 在影剧院、体育馆等大型场馆，可以就地蹲下或趴在排椅下、舞台脚下等，用手或其他东西护住头部，注意避开吊灯、电风扇等悬挂物。等地震过去，听从工作人员的指挥，有组织地撤离。

⚡ 身处百货商店、超市、便利店里时要注意，不要被四处飞散的商品或倒塌的陈列柜、货架砸到，可利用购物篮保护头部，躲在墙角、柱子附近。

⚡ 乘公共交通工具时遇上地震，可以降低重心，躲在座位旁，抓牢扶手，护好头部。地震过去后再下车。

⚡ 在商场、书店、展览馆等处，要选择结实的柜台边、柱子边、内墙角等处就地蹲下，用手或其他东西护住头部。同时，注意避开各种危险物品。

⚡ 如在地下停车场，千万不要躲在车内，要躲在车子旁边或两辆车中间的空隙处，注意保护好头部。

在户外发生地震怎么办

如果发生地震时，你正身处户外，周围的一切都在晃动，这时候要怎么办呢？

⚡ 在户外避震时，应就地选择开阔之地趴下或者蹲下，不要乱跑，避开人多的地方，更不要随便返回室内。

⚡ 避开高大的建筑物或构筑物，特别是有玻璃幕墙的建筑物、高烟囱、水塔等，不要停留在过街天桥、立交桥的上面和下方。

⚡ 避开危险物、高耸物或悬挂物，如变压器、电线杆、路灯、广告牌、吊车等。

⚡ 避开其他危险场所，如狭窄的街道，危旧房屋，危墙，雨篷下及砖瓦、木料等物的堆放处。

⚡ 尽量远离加油站、煤气储气罐等有毒、有害、易燃、易爆的场所和物品。

★常识手册
★应急指南
★安全百科
★情景课堂

扫码领取

31

野外遇到地震怎么办

节假日里，和家人去爬山，或去河边、海边等地游玩时，如突发地震，野外的环境很可能因地震引起山崩、滑坡、泥石流等地质灾害，这时怎么做才能避免危险呢？

⚡ 要注意避开山边的危险环境，切记不要在山脚下、陡崖边停留。

⚡ 选择开阔、稳定的地方就地避震，蹲下或趴下，以防摔倒。如果附近有化工厂，要背朝风向，以免吸进有毒气体。

⚡ 在山上时，应迅速向开阔地或者高地转移，不可往山下跑，不能躲在危崖、狭缝处。

⚡ 在河边、湖边或海边时，应迅速撤离到高地，避免落水或遭遇海啸。

⚡ 当身处水坝、堤坝上时，要迅速撤离，小心垮坝或发生洪水。

⚡ 当身处桥面或桥下时，要赶紧远离，避免因桥梁坍塌而被压、受伤。

⚡ 避开其他危险场所，如变压器、高压线附近，以防触电。远离生产危险品的工厂，易燃、易爆品的仓库等，以防发生意外事故时受到伤害。

如果被埋压该怎么办

地震时，如果不幸被埋压在了废墟下面，在极小的空间里，周围又一片漆黑，很可能还会有余震，很多人会感到惊慌害怕。但是，此时一定要冷静，想办法保护自己，并设法脱险。

⚡ 先设法把双手从埋压物中抽出来，尽量挪开脸前、胸前的杂物，清除口、鼻附近的灰土，保持呼吸畅通。

⚡ 闻到煤气、有毒气味或灰尘太大时，如果周围有水源，设法用水沾湿衣物，捂住口、鼻。

⚡ 设法避开身体上方不结实的倒塌物、悬挂物或其他危险物，搬开身边可以搬动的碎砖瓦等杂物，扩大活动空间。

⚡ 尽可能地就地取材，用砖石、木棍等对自己的周围进行支撑，防止进一步的坍塌。

⚡ 不要随便动用室内设施，包括电源、水源等，也不要使用打火机、火柴、蜡烛等明火。

⚡ 仔细听听周围有没有其他人，听到人声时可用石块敲击铁管、墙壁，以发出求救信号。

⚡ 观察四周有没有通道或光亮，试着避开周围的物体，朝更安全、宽敞、有光亮的地方移动。

⚡ 如果暂时不能脱险，也不要大声哭喊，要闭目休息，保存体力，等待救援。

⚡ 寻找食物和水，节约食用，无水时可饮用自己的尿液，以保持身体的水分。

自己或他人受伤该怎么做

出血、砸伤和挤压伤是地震中最常见的伤害。在躲避地震的过程中，如果自己不幸受了伤，一定要想办法包扎、止血，防止伤口感染，且尽量少活动，等待救援。

外伤出血时

⚡ 伤口小，出血少时，可直接按压止血。

⚡ 伤口较大，出血较多时，可用干净的衣物或纱布进行包扎止血。

⚡ 血流不止时，可在伤口上方加压止血，并尽可能抬高伤处，减慢流血速度。

1.用纸板、木板、木棍、树枝等对骨折部位进行包扎。

2.用塑料袋、衣物等做成三角巾固定伤处。

砸伤导致脊柱骨折时

⚡ 如果是四肢骨折，应保持受伤时的体位，就地取材包扎、固定骨折部位，待专业医生到来后再进行治疗。

⚡ 如果是脊柱骨折，千万不要随意活动，最好是3~4个人扶托伤者的头部、背部、臀部及腿部，平放在硬担架或者门板上，用布带固定，然后运送到救治地点进行治疗。

⚡ 当出现呼吸困难时，应该采用俯卧位，并将头部转向一侧，以免引起窒息。

🐭 扫码领取

★常识手册 ★安全百科
★应急指南 ★情景课堂

胸外按压　　　　打开呼吸道　　　人工呼吸

心脏骤停时

⚡ 如果发现有人呼吸、心跳停止，应在现场立即对其进行心肺复苏。

挤压伤

⚡ 如果身体被预制板或其他物体压住，自己无法脱困时，不要轻易自救或施救，要求助专业的救护人员。

寻找幸存者

如果我们在地震中成功脱险，可以积极地帮助他人，特别是被埋压的人，但救援必须讲究方法，才能使被埋压者尽快获救。

可进行喊话或敲击器物，仔细倾听废墟下是否有回应，如被困人员的呼喊声、呻吟声、敲物声。

可以特别留意房屋倒塌后留下的安全三角区，废墟下的楼道、走廊都是搜寻幸存者的重要地点。

救命

施救时，应先帮被埋压者露出头部，迅速清除其口腔和鼻腔里的灰土，避免引起窒息。如有窒息，应立即对其进行人工呼吸。

用锹、镐、撬杠等工具，结合手扒的方式挖掘被埋压者。注意不能破坏被埋压者所处空间周围的支撑条件，以免引起新的垮塌。

通过侦听、呼叫、询问等方式，判断被埋压人员的位置。

对埋压时间较长的人员，救出后要遮盖好眼睛，避免其受到强光刺激。

对颈椎、脊椎和腰椎受伤的人员，切忌生拉硬拽，要在暴露其全身后慢慢将其移出，用门板或硬担架送到医疗点。

对于暂时无力救出的人，要使其所处废墟下面的空间保持通风，及时为其提供饮水、食品或药物等，静待时机再进行营救。

昏迷者如果还有呼吸、脉搏，应使其侧卧，以防口腔内的分泌物或呕吐物堵塞气管。

如果发生次生灾害怎么做

地震发生后，如果不幸发生了火灾、危险品爆炸、有毒气体泄漏等次生灾害，也会严重威胁我们的人身安全，后果极其严重。这时候，要怎么做才能最大程度降低危害呢？

如果发现煤气管损坏或闻到煤气的味道时，不要使用火柴、打火机等明火或打开电器开关，要用湿毛巾捂住口、鼻，震后设法转移。

如果发生了海啸，要迅速往高处撤离。

遇到化工厂着火，毒气泄漏时，不要朝顺风方向跑，要尽量绕到上风向，并设法用湿毛巾或湿纸巾捂住口、鼻。

若出现泥石流，应立即往与泥石流垂直方向的两边跑，不要爬到树上，或者在陡峭的山坡下躲避。

遇到火灾时，要趴在地上，用湿毛巾捂住口、鼻。地震停止后要逆风匍匐逃离火场，向安全的地方转移。

如果无法逃离，可躲在坚实的大石旁边，保护好头部。

遇到山崩、山体滑坡时，要迅速向垂直于滚石可能运动的方向跑，切忌顺着滚石方向往山下跑。

小心余震

大多数较强地震发生后，在震源区及其附近会紧跟着发生一系列小地震，称为余震。余震发生时，可能会让原本已经极为脆弱的建筑物完全被摧毁，甚至还会造成严重的次生地质灾害，比如滑坡、泥石流等，所以，避震不分主震和余震，切不可掉以轻心。

撤离后不要急着回到室内。

无事不要到处逛，因为震后的环境恶劣，爆炸、毒气泄漏、水灾、火灾等随时有可能发生。

有些余震发生在与主震相同的地方，通常出现在主震后的1~2天内。

余震

余震

科普小课堂：余震的特点

1. 余震活动的强弱与主震大小有关，主震越大，余震活动就越强，次数也越多。

2. 余震活动会随着时间在强度和次数上逐渐衰减。

3. 不同构造区域的余震活动持续时间会有很大差异，有的持续几个月，而有的可能会持续十几年或更长时间。

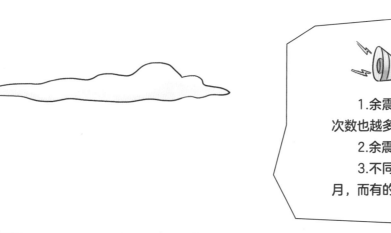

远离已经出现问题的房子，比如墙体已经出现裂痕、整体已经出现倾斜的房子。

尽可能远离废墟，因为那里可能有碎玻璃、钉子等，很容易受伤。

临时生活区一定要安置在空旷地，如广场、学校操场等地。

如果有些余震发生在初始破裂段落之外，说明破坏区域已经向外扩展了。

余震

余震

有些余震会发生在离主断裂带更远的地方。

余震

暴雨来了，怎么办

　　一次大地震后，紧随而来的往往就是一场大雨，这无疑加大了地震的救援难度，影响救灾物资的运输，还容易暴发瘟疫，引发滑坡、泥石流、堰塞湖崩溃等次生灾害。那么，暴雨来时，要怎么办才能最大程度降低危害呢？

⚡ 如果身处于地势低洼的地方，应及时转移到安全地点。

⚡ 户外的人要尽快进入可以防雷的安置房或救灾帐篷内。

⚡ 不要使用电器，也不要使用太阳能热水器。

⚡ 在户外遭遇雷电时，应找地势低的地方蹲下，双脚并拢，双手团抱，放在膝上，身体向前屈。

⚡ 远离树木、电线杆、烟囱、广告牌等高耸、孤立的物体。

⚡ 不要走陌生的路，也不要穿过积水很深的路面，绕开有水流漩涡的地方。

⚡ 暴雨伴随雷电时，最好不要使用手机，谨防引雷。

⚡ 不要靠近、触摸任何金属物品，如水管、金属杆的雨伞等。

⚡ 一旦发现洪水或泥石流发生时，要保持冷静，往山谷两边的山坡上跑。

⚡ 被洪水包围时，要尽可能利用船只、木排、门板、木床等转移。

灾后特殊环境下如何生活

强烈地震发生后，人们的生活环境会变得非常糟糕，没有房子住，断水、断电，病毒、病菌滋生蔓延……在这种特殊环境下，要如何安排灾后生活才能顺利渡过难关呢？

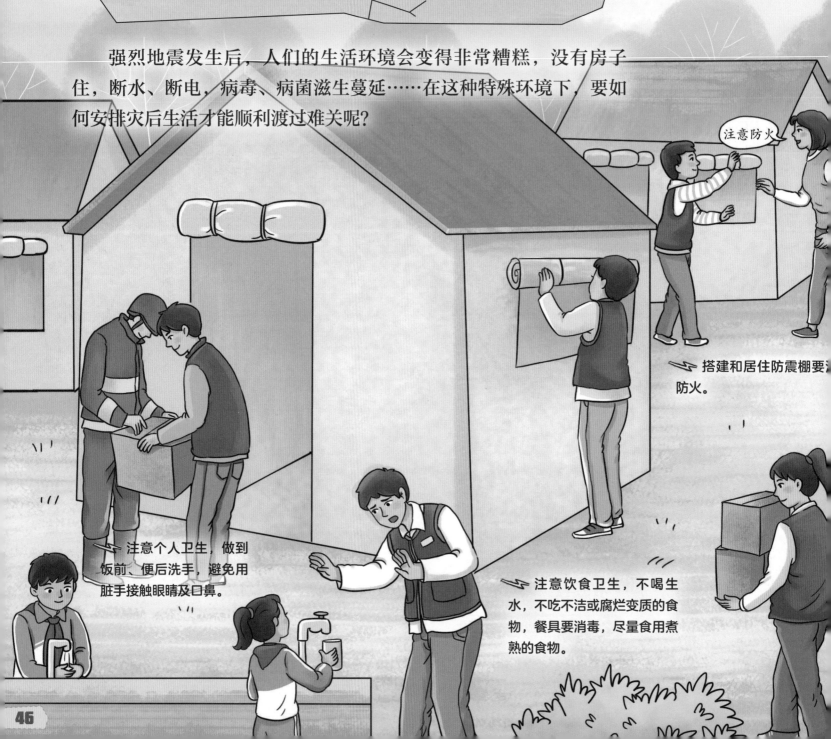

注意防火

⚡ 搭建和居住防震棚要注意防火。

注意个人卫生，做到饭前、便后洗手，避免用脏手接触眼睛及口鼻。

⚡ 注意饮食卫生，不喝生水，不吃不洁或腐烂变质的食物，餐具要消毒，尽量食用煮熟的食物。

加强身体锻炼，注意防寒保暖，预防气管炎、流行性感冒等呼吸道传染病。

保护好饮用水源，垃圾要放在指定区域。

按规定使用预防药物，增强免疫力，预防疫病。

注意防蚊、灭蝇，做好垃圾、粪便的卫生管理。

水源地

47

避险童谣

地震来了不要慌，紧急避险很重要。
跑出屋外是最好，桌子墙角也很妙。
埋在地下不能闹，沉着冷静要思考。
先把心情平静了，听到人声发信号。
保持体力最重要，坚定信念不动摇。
祖国人民是一家，携手能把奇迹造。